ESSAI

SUR

LA NAUTIQUE AÉRIENNE,

Contenant l'art de diriger les Ballons aérostatiques à volonté, & d'accélérer leur course dans les plaines de l'air ; avec le Précis de deux Expériences particulieres de Météorologie à faire.

Lu à l'Académie Royale des Sciences de Paris le 14 Janvier 1784.

Par M. CARRA, Auteur des nouveaux Principes de Physique.

A PARIS,

Chez Eugène ONFROY, Libraire;
Quai des Augustins, au Lys d'or.

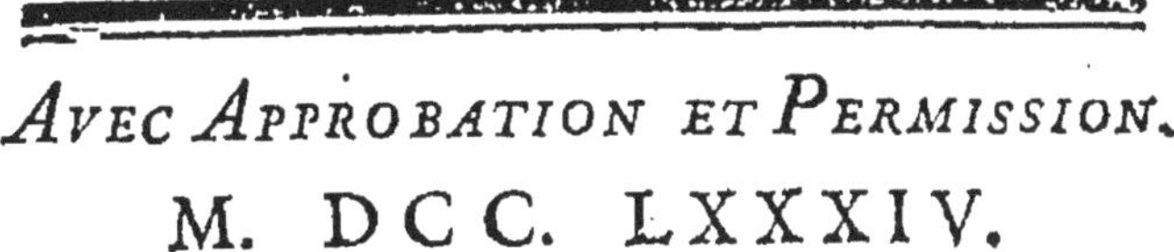

AVEC APPROBATION ET PERMISSION.
M. DCC. LXXXIV.

AVIS DE L'AUTEUR.

Depuis la lecture de cet Effai à l'Académie des Sciences, l'Auteur a cru devoir y faire quelques Additions, pour rendre fa théorie plus claire & plus intelligible.

La Planche que l'on a jointe à la fin de cet Effai avec l'Explication, rendra d'ailleurs l'intelligence de cette théorie plus facile encore.

ESSAI

SUR

LA NAUTIQUE AÉRIENNE,

Contenant l'art de diriger les Ballons aérostatiques à volonté, & d'accélérer leur course dans les plaines de l'air ; avec le Précis de deux Expériences particulieres de Météorologie à faire.

HONNEUR & gloire à MM. de Montgolfier & à MM. Charles & Robert, pour les belles Expériences dont ils viennent d'enrichir la Physique, en nous montrant la route d'un nouvel océan, & en soumettant l'atmosphère de la terre aux spéculations hardies d'une navigation aérienne. Déjà MM. de l'Académie de Lyon ont proposé un prix pour celui qui trouvera la maniere de diriger les Ballons aérostatiques ; & sans doute en ce moment tous les Savans s'occupent à en justifier la possibilité. C'est dans une circonstance si glorieuse pour les Sciences & pour ceux qui les cultivent, que j'apporte un contingent d'idées & de combinaisons, propres à conduire au but que l'on s'est proposé.

Avant d'expliquer les moyens par lesquels je prétends établir une Nautique aérienne, il me paroît important de donner une théorie succinte de l'élasticité spécifique des Ballons aérostatiques, de leur ascension dans l'atmosphère & de leur translation dans les différens courans d'air ou de vent qui tranchent, pour ainsi dire, cette atmosphère en tout sens de mouvement.

L'élasticité spécifique des Ballons aérostatiques n'est autre chose que l'effet d'un gaz ou air factice plus volatil que l'air réel ou permanent, qui compose la masse totale de l'atmosphère ; masse qui est, pour ainsi dire, contigue & attachée au noyau de la terre, comme les rayons d'une roue à son essieu. Ainsi, une substance plus volatile & plus indépendante que celle de l'air réel ou permanent, filtre nécessairement au-dedans de lui, & s'éleve plus ou moins haut vers sa circonférence, en raison composée d'une plus ou moins grande rareté dans cet air réel, & d'une volatilité plus ou moins indépendante de la part du gaz factice ou passager. C'est donc dans ce gaz l'effet de sa volatilité qui opére le phénomène de son ascension, & non l'effet d'une légéreté naturelle à la qualité de ses parties constituantes. Cette vérité est assez prouvée par les grosses vapeurs, qui, quoique visibles, opâques même & plus chargées de parties que l'air réel pur, ne s'élevent pas moins au-dessus de lui, jusqu'à une certaine hauteur où elles se combinent en différens météores. D'après ces principes, plus une substance est volatile, plus elle cherche à s'échapper & à s'élever dans l'atmosphère, & plus par conséquent elle passe & pénétre de couches différentes de cette même atmosphère : d'où résultent ce qu'on appelle *légéreté spécifique* dans les gaz ou airs factices, & *élasticité comparée* dans les Ballons aérostatiques. Ainsi le premier principe de nautique aérienne est de choisir, pour les Ballons aérostatiques, le gaz le plus volatil, parce qu'il opére une plus grande élasticité, & fournit de plus grands ressorts à développer & à maîtriser.

L'ascension des Ballons aérostatiques n'étant autre chose qu'une tendance du gaz contenu à s'échapper vers la circonférence de l'atmosphère, il s'ensuit 1° que ces Ballons s'éleveront toujours par le côté plus rare de la colonne d'air dans laquelle se fera leur afcenfion (1); 2° que fi le gaz renfermé n'eft qu'une fois plus volatil que la couche d'air atmofphérique, d'où il part, n'eft rare, le Ballon ne s'élevera que jufqu'au terme où commence la couche d'air une fois plus rare que celle qu'il a parcourue. Si le gaz eft fept fois plus volatil, le Ballon s'élevera fept fois plus que l'air atmofphérique n'eft rare; ainfi de fuite. Arrivé au terme où la volatilité du gaz eft égale à la rareté de l'air atmofphérique, & où ce gaz cherche à fe mettre en équilibre avec l'air environnant, le Ballon fe trouve tranflaté dans un courant dont il fuit l'impulfion, jufqu'à ce que la volatilité du gaz ait opéré une dilatation telle qu'il ait pu s'en échapper ou par les pores relâchés ou par

---

(1) Ils s'éleveront, par exemple, toujours en plan incliné du côté oppofé à une riviere, à un marais, à un nuage, parce qu'il eft dans la nature des fubftances volatiles de chercher, pour s'élever dans l'atmofphere la colonne d'air la moins denfe. Ces Ballons reprendront une autre direction, fi d'autres colonnes de vapeurs les forcent à fe dévier d'un autre côté. Arrivés dans un courant fupérieur, dégagé de vapeurs ou de nuages, ils fuivront ce courant fans déviation, jufqu'à ce qu'ils rencontrent d'autres obftacles. Ils feront donc fujets à toutes les déviations poffibles, jufqu'à ce qu'on ait fu les maîtrifer & les diriger à volonté.

une éruption. Ces effets ne doivent jamais manquer d'avoir lieu, l'un ou l'autre, quelle que foit la nature de l'enveloppe, parce que les parties conftituantes de cette enveloppe ne peuvent jamais être homogènes, fous aucun rapport, ni à l'air environnant ni au gaz contenu. Ainfi le fecond principe de nautique aérienne eft de ne laiffer élever le Ballon aéroftatique que jufqu'à la hauteur où il eft cenfé que fon gaz eft au moins deux fois plus volatil que l'air atmofphérique n'eft rare (2). Les apperçus néceffaires pour cette diftinction pourroient fe déduire de la hauteur du mercure dans le Baromêtre, & des degrés de chaleur ou de froid que le Thermomêtre

---

(2) En confidérant les gaz ou airs factices fous le rapport comparé de leur volatilité ou élafticité avec la rareté progreffive de l'air réel ou permanent de l'atmo-fphère, il n'eft plus queftion de pefanteur ni de légéreté. L'on n'a donc pu établir encore aucune certitude fur les calculs de rapports faits jufqu'à préfent entre le gaz de MM. de Montgolfier & l'air atmofphérique, ni entre ce même air & le gaz inflammable. Il ne s'agit au refte, pour le moment, que de faire des expériences de nautique aérienne. Ces expériences nous méneront peu-à-peu à la connoiffance parfaite de tout ce qui peut avoir rapport à l'atmofphère en général, & aux différens gaz ou airs factices en particulier.

peut éprouver dans les différens gaz employés pour les Ballons : c'eft-à-dire, qu'en combinant telle hauteur du mercure avec tel degré de chaleur ou de froid, on auroit un réfultat qui donneroit des apperçus pour la diftinction que je viens de propofer. On conçoit d'ailleurs qu'il faudroit comprendre, dans ces apperçus, la pefanteur des corps emportés par le Ballon, comme il faut la fouftraire dans le calcul de l'élafticité du gaz contenu ; afin de n'avoir à confidérer, en premiere inftance, que la nature de ce gaz, fon rapport avec celle de l'air atmofphérique, dans fes différentes couches de denfité, & le mouvement de tranflation des Ballons dans un courant d'air ou de vent quelconque.

La tranflation des Ballons aéroftatiques eft totale dans l'atmofphère, & les banderolles attachées à ces Ballons ne pointent pas ; c'eft-à-dire, que ces Ballons & tous les corps qu'ils emportent avec eux, n'éprouvent aucune réfiftance de la part des vents, quelques orageux & quelques violens qu'ils puiffent être ; & cela, parce que ces Ballons font, pour ainfi dire, partie conftituante, non-feulement de la colonne du vent, ou du courant d'air dans lequel ils ont été projettés par leur premiere afcenfion, mais de celle dans laquelle ils

peuvent fe trouver enfuite , foit par la déper-
dition du gaz en defcendant , foit par la di-
minution du left en remontant , foit enfin
par une déviation quelconque. Ainfi un Ballon
aéroftatique lancé dans la colonne de vent la
plus rapide, & chargé, fi l'on veut, de tous
les agrès & de toutes les voiles d'un Vaiffeau,
n'eft rien de plus , malgré tout cela, qu'un
Bateau fans rames , fans voiles , fans gouvernail, emporté par le courant tranquille d'une
riviere. Le vent par conféquent doit être banni
de toutes les théories de navigation aérienne,
& comme moyen de réfiftance & comme
moyen d'accélération. Il ne doit être confidéré
abfolument dans ces théories que comme un
courant plus ou moins rapide, fur lequel le
Ballon, & tous les corps qui lui font attachés,
quelle que foit leur forme, font tranflatés
inftantanément de la maniere la plus paffive.
Si le vent fait une lieue par cinq minutes, le
Ballon fait le même chemin dans le même
tems ; toutefois s'il n'y a pas déviation. On
ne peut donc conclure de la théorie des vents
de terre ou de mer, aucune théorie de nautique aérienne, pour diriger les Ballons &
accélérer leur courfe. Ainfi le troifieme principe de cette nautique, eft de fe faire un
point d'appui, par lequel le mouvement

A 5

musculaire du conducteur puisse, à volonté, souftraire le Ballon & tous les corps emportés avec lui, non-seulement à l'impulsion horizontale du courant tranflateur, mais encore à son impulsion directe. Il faut enfin que le quarré parfait de la position passive où se trouvent le Ballon & l'Homme qui l'accompagne, puisse devenir, au gré de cet Homme, une courbe horizontale & un parallélograme vertical en même tems.

Il est bien démontré sans doute que c'est-là le seul & vrai moyen; & c'est sur la découverte & l'application de ce moyen que j'ai fondé ma théorie.

Mais pour procéder en regle, je vais commencer par compofer ma Machine *aéronautique*, avec tous les avantages que l'on peut imaginer, foit pour la fûreté du Conducteur, foit même pour accélérer fa courfe.

Je fais donc un Ballon que je remplis d'un gaz très-volatil, & dont l'enveloppe est de taffetas enduit de gomme copale ou élaftique. J'ajoute fur cette enveloppe, lorfqu'elle est fuffifamment bombée, un fourreau de même étoffe, & enduit de même. Ce fourreau est flafque, & doit fervir à recevoir le gaz qui s'échappera de l'enveloppe tendue, foit par dilatation foit par éruption. J'emploie d'ailleurs tous les moyens dont MM. Charles & Robert ont fait ufage pour leur Expérience du premier Décembre dernier : favoir le filet, les cordons, la foupape, la ficelle, le tuyau de cuir, &c. Ce Ballon eft le fufpenfoir d'une nacelle d'ozier garnie en deffous de plaques de liége ; le tout calfeutré, gaudronné & arrangé avec art, élégance & propreté. Ma nacelle eft traverfée, dans fa plus grande largeur, par un cylindre de bois porté fur les deux bords, & paffé des deux côtés dans un cerceau de cuivre fixe ; de maniere qu'il puiffe tourner fur lui-même fans fe déplacer. Ce cylindre, prolongé hors de la nacelle de vingt-cinq ou trente pieds de chaque côté, (fuivant les dimenfions exigées par la légéreté fpécifique du Ballon & par fon dia-mêtre,) porte, de chaque côté, trois aîles de taffetas enduit de gomme copale, chacune de vingt ou vingt-cinq pieds de hauteur, & de quinze ou vingt de largeur. Ces trois aîles, à égale diftance l'une de l'autre, & arrangées en forme de roue, font tendues d'un côté par des baguettes de bois tranfverfales au cylindre, de l'autre par des cordes, & fuivent le mou-vement de rotation qui leur eft imprimé par le cylindre, au moyen d'une méchanique très-fimple, comme celle d'un rouet à filer que l'on fait aller avec le pied, ou d'un poids que l'on laiffe defcendre, & que l'on remonte à fon gré (3). Une groffe bague de plomb coulant le long de chaque baguette tranfverfale, & entraînant avec elle des petites boucles de fil de fer attachées au taffetas des aîles, tend chacune de ces aîles, à mefure qu'elle tourne du haut en bas, & la replie fur elle-même à mefure qu'elle tourne du bas en haut. On conçoit que, par ce moyen, l'impulfion du fluide fe fait toujours en avant, & jamais en

---

(3) Ce poids, auquel feroit attachée une corde de quarante toifes, ferviroit de lock, pour eftimer le chemin que l'on feroit au-delà de la vîteffe du vent tranflateur. Si ce lock met, par exemple, dix fecondes à defcendre & à dérouler fa corde, il eft clair que dans cet intervale la Machine aéronautique aura avancé au-delà de la vîteffe du courant d'air, de quarante toifes de plus. On pourra donc calculer l'accélération que l'on aura donnée à cette Machine par le tems que le lock mettra à defcendre. Ajoutant enfuite par aproximation le chemin qu'on a dû faire avec le courant d'air ou de vent dans lequel on eft tranflaté, (fauf les déviations imprévues) on faura à très-peu de chofe près la diftance à laquelle on fe trouvera du point d'où l'on eft parti, & de celui auquel on veut aboutir. Une bouffole qui fera fous les yeux de l'Aéronaute, fixera fa direction; & tandis qu'une montre à fecondes lui marquera les tems, le baromêtre lui indiquera la hauteur où il fera, & le thermomêtre, les degrés de froid ou de chaud par où il paffera.

arriere, puifque les aîles font nulles en fe relevant, & qu'elles ne font tendues qu'en s'a-
baiffant. Cette méchanique , préfentée aux
yeux, deviendra frappante par fa fimplicité , &
par le fuccès de l'effet qu'elle promet. Le gros
cylindre de bois brifé en deux portions égales,
que l'on peut rejoindre & féparer à fon gré,
laiffe le choix de faire tourner un feul côté des
aîles, ou les deux côtés enfemble. Voilà donc
déjà un moyen d'accélérer la courfe de la nacelle, & même de la tourner ; car on conçoit
que, quoiqu'il y ait tranflation abfolue de tous
les corps emportés par le Ballon , il n'en eft pas
moins vrai que le mouvement mufculaire dont
le Conducteur peut faire ufage, en différens
fens , ajoute par la rotation des aîles de taffetas,
un mouvement d'impulfion qui force la nacelle & le Ballon à devancer le vent tranflateur;
comme la rame accélére la courfe d'un bateau
qui fuit le courant d'une riviere, au-delà de la
vîteffe de ce courant. Je dis plus : comme le
courant d'une riviere peut être remonté par
la force des rames, de même le courant d'air
ou de vent peut être remonté par l'impulfion
de mes aîles de taffetas. Il ne s'agit que de les
mettre en rotation du côté oppofé. On doit
même concevoir, par cette théorie, que la
Nautique aérienne a déjà un avantage fur la

Nautique marine, en ce qu'il n'est nullement question ici de l'insubiation des vents & de l'ondulation des vagues, comme d'un double accident de résistance, mais simplement comme d'un courant à remonter. Il arriveroit cependant que dans le cas où l'on remonteroit un courant de vent, on éprouveroit une résistance sensible; mais cette résistance seroit toujours moindre que la force d'impulsion opposée, donnée par la rotation des aîles de taffetas pour remonter. Les banderolles pointeroient alors, & elles feroient connoître, par leur direction, en quel sens & sur quel rumb de vent on navigueroit.

En fixant horizontalement deux des trois aîles de taffetas, dont j'ai formé mes rames tournantes, elles serviroient naturellement, en faisant le parasol, à empêcher la chûte trop prompte du convoi; & cela dans le cas où il se feroit une éruption considérable & subite dans les deux enveloppes du Ballon suspensoir. On conçoit que ce surcroît de moyens, qui n'est que le résultat d'un tour de main, ne peut-être que très-avantageux, sur-tout, puisqu'il s'agit de garantir le conducteur, contre tout événement, du danger d'une chûte trop prompte.

Si l'éruption subite des deux enveloppes se faisoit au moment où l'on planeroit sur mer,

on conçoit que ma Nacelle, doublée en liége,
ne feroit pas inutile, & qu'avant d'avoir aucun
danger à craindre, du mouvement des vagues,
on auroit le tems; 1°, de couper les cordons
& le tuyau de cuir du Ballon attachés à cette
Nacelle; & 2°, d'adopter un côté des aîles de
taffetas à un montant préparé à cet effet dans
le milieu de la Nacelle. Un gouvernail, fait
d'une planche très-mince & prolongé de deux
pieds plus bas que la quille de la Nacelle,
ferviroit alors de moyen pour fe diriger fur
l'eau. Ce gouvernail fe trouveroit débaraffé,
de même dans un inftant, d'une queue de
taffetas de trente ou quarante pieds de long,
tendu par des baguettes de Baleine & qui auroit
fervi, ainfi que je vais l'expliquer, à diriger
la Nacelle dans les plaines de l'air.

J'ai donc une Nacelle de liége & des aîles
de taffetas tournantes qui peuvent me fervir
à quatre ufages; favoir, à accélérer la courfe
de ma Machine *aéronautique*, à tourner fa
proue, à retarder fa defcenfion en cas d'accident & à former des voiles marines dans l'oc-
cafion. J'ai, de plus, un gouvernail propre à
la Nautique aérienne & à la Nautique marine;
mais malgré cela je ne fuis point fûr encore
de pouvoir me diriger en tout fens; il me faut
abfolument un point d'appui qui devienne, à

mon gré, indépendant de mon Ballon fufpenfoir & de tous les corps emportés avec lui,
Pour obtenir ce point d'appui, je fais un fecond
Ballon fur le modèle de mon fufpenfoir &
avec double enveloppe également, mais fix
fois moins gros que lui. J'adapte à la proue
de ma Nacelle un bâton prolongé de fept à
huit pieds en avant, & auquel j'attache une
corde de cent-quarante pieds; qui part de l'appendice de mon fecond Ballon, élevé dans les
airs au-deffus du Ballon fufpenfoir. Une autre
corde de cent-quarante pieds, partant également
de l'appendice de ce même fecond Ballon &
paffant dans le filet du Ballon fufpenfoir, vient
faire dans la main du Conducteur affis vers la
poupe, un angle (dont les dégrés peuvent
varier fans conféquence pour l'effet,) avec
celle attachée au bâton de la proue. Le mouvement mufculaire que le Conducteur fait,
en tirant la corde qui eft dans fa main, force
celle qui eft attachée au bâton de la proue, de
plier, en même-tems qu'il pouffe en avant
le gros Ballon fufpenfoir; parce que l'élafticité
de ce fecond Ballon qui eft la feptiéme partie
de la force fufpenfoire du Convoi aérien, fe
trouve fouftraite pour le Convoi & tranfmife
entiérement dans le mouvement mufculaire
du Conducteur; d'où il réfulte que l'effort de

ce mouvement porte une impulsion de l'arrière à l'avant, dont le Conducteur profite pour lâcher sa corde, faire décrire à la Nacelle une courbe horizontale & donner par-là aux deux suspensoires une nouvelle élasticité en se relevant (4). Dans l'instant même, le gouvernail

---

(4) Il semble, au premier coup-d'œil, que la soustraction de la septieme partie de la force suspensoire, par le trait du Ballon précurseur, devient nulle pour tout le convoi aérien, parce que cette force, se trouvant transmise dans le mouvement musculaire du conducteur, diminue le poids du Conducteur, assis vers la poupe, d'une aussi grande quantité que celle qui fait descendre la proue. Mais en examinant la chose de plus près, on verra que le mouvement que fait le poignet du Conducteur, en tirant la corde du Ballon précurseur, est un mouvement presque indépendant de la pesanteur du reste de son corps ; & que par conséquent s'il tire vingt-cinq livres, il ne peut perdre tout au plus que dix livres de son poids : restent donc quinze livres, par le moyen desquels il imprime, à tout le convoi aérien, une oscillation, une ondulation même dont il a nécessairement besoin pour maîtriser la direction de sa nacelle, & la maintenir dans la ligne qu'il veut suivre. Au reste je ne cesserai de dire que c'est par l'expérience seule que l'on pourra décider en faveur de mes moyens ou contre eux ; & il me semble que ces moyens là, que j'ai rendus publics d'une manière assez désintéressée, valent bien la peine d'être essayés.

agiſſant, en comprimant l'air oppoſé, la proue tourne & s'efface dans un parallelograme vertical ; d'où réſulte le nouveau quarré de la direction dans laquelle on veut pointer & maintenir la Nacelle. Ainſi, le Conducteur, aſſis vers la poupe & tournant le gouvernail de la main gauche, en même-tems qu'il tire de la main droite la corde du Ballon précurſeur, donne à ſa Nacelle le double mouvement dont il a beſoin pour la déplacer & la diriger ; tandis qu'en faiſant agir du pied le rouet attaché au cylindre de ſes aîles de taffetas, il leur imprime, des deux côtés ou d'un ſeul, le mouvement de rotation propre à accélérer ſa courſe (5).

Pour ajouter un nouvel avantage à ceux que je viens d'établir, je couvre la double enveloppe de mon Ballon précurſeur d'un filet tiſſu & hériſſé en grande partie de fils de laiton. Ces fils communiquent vers l'appendice du Ballon, à un autre fil de même métal & plus gros,

---

(5) On ſent bien que ſi cette manœuvre eſt trop fatigante pour une ſeule perſonne, ce n'eſt pas l'embarras de trouver un compagnon de voyage qui en veuille partager la peine. Il s'agit ſeulement de faire voir ici qu'un ſeul homme peut, à la rigueur, conduire ma Machine *aéronautique.*

entortillé autour de la corde attachée au bâton de la prouë, & qui aboutit à un gâteau de réfine renfermé dans un fac de cuir, rempli d'eau & attaché au même bâton (6). Le fluide électrique, exploré des nuages orageux ou foudroyans que la Machine *aéronautique* peut rencontrer fur fa route, vient aboutir au gâteau de réfine & paffant de-là dans l'eau, où nage ce gâteau, reprend fon équilibre & rentre paifiblement dans le grand réfervoir commun. On conçoit que le Conducteur de la Nacelle n'ayant aucune communication avec le fil de laiton plongé dans le fac de cuir, il n'a rien à craindre du fluide électrique, quelques fréquentes & abondantes que puiffent être les étincelles explorées.

Enfin, en lâchant par le moyen de deux poulies, (fixées perpendiculairement chacune aux deux bouts du bâton de la prouë,) la

---

(6) Pour éviter le contact des commotions électriques que le fil de métal, entortillé avec la corde du Ballon précurfeur, pourroit produire immédiatement fur le Ballon fufpenfoir, je garnis cette corde, le long du Ballon fufpenfoir auquel elle touche, d'un fourreau de cuir mouillé; & cela feulement de peur que s'il fe faifoit éruption de ce côté-là, le fluide électrique n'enflammât le gaz échappé.

corde du Ballon précurſeur attachée à ce bâton, on a un moyen très-ſimple de deſcendre à volonté, ſans avoir beſoin de laiſſer écouler le gaz ; parce que ce Ballon précurſeur qui eſt la ſeptiéme partie de la force ſuſpenſoire, ne ſoutenant plus le Convoi aérien, ce Convoi s'abaiſſera d'autant, pendant tout le tems que file la corde. Si l'on veut remonter, on retire, par les mêmes poulies, la corde que l'on avoit filée ; & le Ballon précurſeur, ſe trouvant arrêté par-là, continue de faire partie de la force ſuſpenſoire qui éléve le Convoi, ſans avoir beſoin de renouveller le gaz.

Tels ſont les moyens que je préſente pour établir & perfectionner même la nautique aérienne. L'expérience que je m'offre de réaliſer ſur terre & ſur mer (7), dans tous les détails que j'ai expoſés, fera connoître la certitude & la ſolidité de ces moyens, au-de-là, peut-être, de mes eſpérances.

---

(7) J'obſerverai ici que les Ballons *aéronautiques* qui s'éleveront de terre pour aller planer au-deſſus de la mer, éprouveront une deſcenſion qui pourroit effrayer leur Conducteur, ainſi que les Spectateurs, ſi je ne les prévenois d'avance que les courans d'air, ou colonnes de vent de terre qui paſſent ſur mer, s'abaiſſent en ſe reſſerrant, & que celles qui paſſent de la mer ſur les terres

Précis de deux Expériences de Météorologie à faire avec les Ballons aéroſtatiques.

La premiere, ſeroit celle du Ballon couvert d'un filet tiſſu & hériſſé de fils de laiton, tel que celui dont je viens de parler & qui ſeroit lancé dans les nuages orageux ou foudroyans. Ces fils de laiton correſpondroient à une corde entortillée d'un fil du même métal, & qui aboutiroit à la terre, de la même maniere que la chôſe ſe pratique dans l'expérience du Cerf-volant électrique. On conçoit qu'elle ſeroit l'utilité de ces Ballons électriques & combien leur uſage ſeroit au-deſſus de celui des Cerfs-volans; puiſque, ſans vent, on pourroit les lancer dans les nuages; &, en faiſant taire le tonnerre, explorer ſubitement le fluide électrique concentré & anéantir, par-là, la

---

s'élevent en ſe dilatant. Tout Ballon *aéronautique* s'a-baiſſera donc d'une maniere ſenſible, lorſqu'il paſſera de la colonne de vent de terre dans celle de mer, &, par la même raiſon, il s'élevera d'autant, lorſqu'il quittera la colonne de vent de mer pour reprendre celle de terre. Dans ce cas, l'Aéronaute auroit tort de jetter de ſon leſt pour remonter à la premiere élévation ; ce ſeroit pro-diguer ſes moyens en pure perte.

caufe locale des orages, fans craindre que cette même caufe pût fe porter ailleurs.

La feconde Expérience, feroit celle de fept Ballons du même diamêtre, de la même circonférence & dont l'enveloppe feroit du même poids & de la même étoffe. Le premier, feroit rempli d'un gaz une fois feulement, plus volatil que l'air atmofphérique de premiere couche de denfité n'eft rare; le fecond, d'un gaz deux fois plus volatil; le troifieme, d'un gaz trois fois plus volatil, ainfi de fuite. Chacun de ces Ballons feroit peint d'une couleur différente. On les lanceroit tous en mêmetems, & l'on verroit par l'inégalité de leur afcenfion, non-feulement la viteffe qui les diftingueroit l'un de l'autre, mais les différentes routes qu'ils prendroient, chacun de leur côté. S'il étoit poffible d'ailleurs d'appercevoir à quelle hauteur chacun d'eux prendroit fa direction horizontale, on pourroit en tirer des conféquences & établir des calculs, non-feulement fur les lignes de démarcation, qui diftinguent les différentes couches de denfité de l'air atmofphérique; mais encore fur les progreffions de rareté de cet air, à mefure qu'il s'éléve & s'étend vers la circonférence. On auroit, par ces obfervations, la bâfe d'une

vraie théorie aéroftatique, que l'on applique-
roit certainement avec fuccès à la nautique
aérienne.

Lu & approuvé, ce 30 Janvier 1784. DE SAUVIGNY.

Vu l'Approbation , permis d'imprimer , le 31 Janvier 1784.
LENOIR.

On trouve chez ONFROY les *Nouveaux Principes de Phyfique* de M. CARRA.

De l'Imprimerie de LOTTIN l'aîné, Imprimeur du ROI,
& Ordinaire de la VILLE, rue S. Jacques, au Coq.

Explication de la Planche.

A. le gros Ballon ſuſpenſoir.

B. la Nacelle doublée en liége.

C, C. les aîles tournantes.

d, d. les groſſes bagues de plomb qui replient le taffetas des aîles tournantes, lorſque ces aîles tournent du bas en haut, & qui le déplient lorſqu'elles tournent du haut en bas.

E. le gouvernail.

F. le lock.

G. le Ballon précurſeur, hériſſé de pointes électriques.

h, h. la corde, entortillée du fil de laiton, laquelle eſt attachée au bout du bâton de la proue de la nacelle, & tient le Ballon précurſeur à une hauteur de cent-quarante pieds au-deſſus de la nacelle.

J, J. autre corde de cent-quarante pieds, qui part également de l'appendice du Ballon précurſeur, & vient dans la main du Conducteur aſſis vers la poupe.

K. le Conducteur aſſis vers la poupe de la nacelle.

L. le ſac de cuir rempli d'eau, au milieu duquel nage le gateau de réſine, & où aboutit le fil de laiton de la corde h, h.

m, m. deux poulies par où l'on file la corde deſtinée à deſcendre & à remonter à volonté, ſans laiſſer écouler & ſans renouveller le gaz en aucune maniere.

Documents manquants (pages, cahiers...)

NF Z 43-120-13